Primo

Verkehrserziehung

Als Fußgänger im Verkehr

Schroedel

Die Straße ist kein Spielplatz!

Lagebeziehungen versprachlichen: vorn – hinten – oben – unten – rechts – links.
Richtiges und falsches Verhalten im öffentlichen Verkehrsraum benennen.
Gefährliches Verhalten mit Bildern von der Ausschneideseite 23 überkleben.

Wohin? Nach rechts oder links?

Alle Fahrzeuge, die nach **r**echts fahren, **r**ot anmalen. Alle Fahrzeuge, die nach **l**inks fahren, **l**ila anmalen.

Wo geht's lang?

Den Weg zum Ziel mit den Augen verfolgen, mit Bleistift einzeichnen und mit Worten beschreiben.

Wer ist wer?

Alle Hunde, auch ihre Schattenbilder, einkreisen. Den Weg des Fußgängers nachzeichnen.

Farbig anmalen

Schilder nach Vorgabe farbig ausmalen. Verkehrsteilnehmer nach Vorgabe farbig nachzeichnen.

Schulwege

Hier wohnt Kris.

Hier wohnt Tim.

Den sicheren Weg zur Schule einzeichnen und versprachlichen.

Gesehen werden

Reflektoren und helle Kleidung erhöhen im Dunkeln die Sicherheit. Die Kinder unten farbig anmalen.

Im oberen Bild unerwünschtes Verhalten einkreisen. In den Fotos ☺ oder ☹ eintragen.

Im Auto

Die Straße überqueren

Die Straße mit und ohne Hilfen (Ampel, Zebrastreifen) sicher überqueren können.

Die Straße überqueren

Das Überqueren einer Straße mit den Phasen Warten – Schauen – Gehen – Schauen – Überqueren mit Hilfe der Ausschneideelemente von Seite 23 oben erarbeiten. Das Klappelement wird erst zusammen- und dann unten aufgeklebt. Nun kann das Nach-links- und Nach-rechts-Schauen durch entsprechendes Hin- und Herklappen nachvollzogen werden. Die weiteren Phasen werden an den richtigen Stellen eingeklebt.

Mit Hilfen die Straße überqueren

Kinder, die sich richtig verhalten, farbig anmalen.

Ohne Hilfe die Straße überqueren

Kinder, die sich richtig verhalten, farbig anmalen.

Am Straßenrand

Kinder, die sich richtig verhalten, farbig anmalen.

Schlechte Sicht

Kinder, die sich richtig verhalten, farbig anmalen.

Achtung! Gefahr!

Achtung! Unfall!

trösten,
helfen,
um Hilfe
bitten

helfen,
Hilfe holen,
Notruf
112

Mut
zeigen,
Fehler
zugeben!

Teste dein Wissen

Kreuze in jeder Reihe an, was nach rechts zeigt.

Zeichne Tims Weg zur Schule ein.

Teste dein Wissen

Male die Kinder farbig an, die sich richtig verhalten.

Male die Ampeln in den richtigen Farben an.

Male die Kinder an, die in die richtige Richtung schauen.

Teste dein Wissen

Welche Zeichen gelten für Fußgänger? Kreuze sie an.

Kreuze an, welches Kind sich richtig verhält.

Ausschneideseite

zu Seite 13

knicken knicken knicken

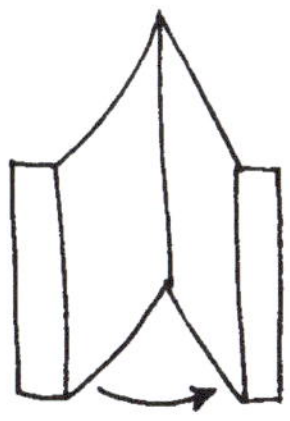

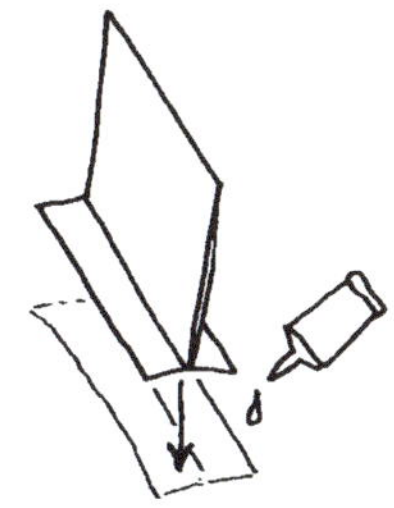

zu Seite 2/3